防灾减灾科普系列丛书

台风
防范与应急

应急管理部国家减灾中心 编

应急管理出版社

·北 京·

图书在版编目（CIP）数据

台风防范与应急 / 应急管理部国家减灾中心编 . - - 北京：应急管理出版社，2024

（防灾减灾科普系列丛书）

ISBN 978 - 7 - 5020 - 9703 - 5

Ⅰ.①台… Ⅱ.①应… Ⅲ.①台风灾害—灾害防治—青少年读物 Ⅳ.①P425.6 - 49

中国版本图书馆 CIP 数据核字（2022）第 217728 号

台风防范与应急（防灾减灾科普系列丛书）

编　　者	应急管理部国家减灾中心
责任编辑	曲光宇　孟　楠
责任校对	张艳蕾
封面设计	王晓武

出版发行	应急管理出版社（北京市朝阳区芍药居 35 号　100029）
电　　话	010 - 84657898（总编室）　010 - 84657880（读者服务部）
网　　址	www. cciph. com. cn
印　　刷	北京世纪恒宇印刷有限公司
经　　销	全国新华书店

开　　本	880mm × 1230mm$\frac{1}{32}$　印张　2$\frac{5}{8}$　字数　49 千字
版　　次	2024 年 4 月第 1 版　2024 年 4 月第 1 次印刷
社内编号	20221547　　　　定价　38.00 元

　　我国是世界上自然灾害最严重的国家之一，灾害种类多、发生频率高、分布地域广、造成损失大。据国家防灾减灾救灾委员会办公室、应急管理部发布2023年全国自然灾害基本情况相关数据显示，2023年全年各种自然灾害共造成9544.4万人次不同程度受灾，因灾死亡失踪691人，直接经济损失3454.5亿元。

　　防灾减灾宣传教育是预防和减少灾害损失的有效手段。党的十八大以来，习近平总书记高度重视防灾减灾救灾工作，在2016年7月河北唐山考察时提出，提高全民防灾抗灾意识，建立防灾减灾救灾的宣传教育长效机制，全面提高国家综合防灾减灾救灾能力；在2019年11月的中央政治局第十九次集体学习时强调，要牢固树立安全发展理念，完善公民安全教育体系，推动安全宣传进企业、进农村、进社区、进学校、进家庭，加强公益宣传，普及安全知识，培育安全文化；在二十大报告中强调，全面加强国家安全教育，提高各级领导干部统筹发展和安全能力，增强全民国家安全意识和素养，筑牢国家安全人民防线。

历史的经验教训告诉我们，具备充分的防灾减灾意识，掌握必要的防灾自救知识，采取科学的防灾避险行动，是减少灾害损失、保护自己和家人生命安全的有效途径。

为此，应急管理出版社小海马科普工作室专门策划了"防灾减灾科普系列丛书"之《地震防范与应急》《台风防范与应急》《洪涝防范与应急》《森林草原火灾防范与应急》和《山体滑坡和泥石流防范与应急》，由应急管理部国家减灾中心组织专家进行编写。"防灾减灾科普系列丛书"以通俗易懂的语言、翔实生动的案例，全面介绍各类自然灾害的应急避险方法和技能。

希望该套读物的出版，能够激发大家学习防灾避险知识的热情，提供掌握有效自救互救技能的渠道，为减轻自然灾害损失、保护生命财产安全贡献力量。

编者
2024 年 1 月

目次

一

认识台风

认识台风

（一） 台风定义

　　台风，是发生在西北太平洋和南海一带热带海洋上的猛烈风暴，是形成在热带或副热带、海面温度在 26 ℃以上的广阔洋面上的一种强烈发展的热带气旋。一个典型的台风直径能达到 800 多千米，高度大约 15~20 千米。

　　其在西北太平洋和南海一带称台风，在大西洋、加勒比海、墨西哥湾以及东太平洋等地区称飓风，在印度洋和孟加拉湾称热带风暴，在澳大利亚则称热带气旋。

热带气旋（tropical cyclone）是发生在热带或副热带洋面上的低压涡旋，是一种强大而深厚的热带天气系统。它如同流动江河中前进的漩涡，在热带或副热带洋面上绕着自己的中心旋转同时又向前移动。在北半球，热带气旋中的气流绕中心呈逆时针方向旋转，在南半球则相反。

台风在海上移动，会掀起巨浪，狂风暴雨接踵而来，对航行的船只可造成严重的威胁。当台风登陆时，狂风暴雨会给人们的生命财产造成巨大的损失，尤其对农作物、建筑物的影响更大。

（二）台风形成的条件

◎ 要有广阔的高温、高湿的大气。热带洋面上的底层大气的温度和湿度主要决定于海面水温。台风只能形成于在 60 米深度内的水温且要高于 26~27 ℃的暖洋面上。

◎ 要有底层大气向中心辐合、高层向外扩散的初始扰动。而且高层辐散必须超过底层辐合，才能维持足够的上升气流，底层扰动才能不断加强。

◎ 垂直方向风速不能相差太大，上下层空气相对运动很小，才能使初始扰动中水汽凝结所释放的潜热能集中保存在台风眼区的空气柱中，形成并且加强台风暖中心结构。

要有足够大的地转偏向力作用，地球自转作用有利于气旋性涡旋的生成。地转偏向力在赤道附近接近于零，向南北两极逐渐增大，台风发生在大约离赤道 5 个纬度以上的洋面上。

（三）台风形成及消亡过程

在低纬度地带高温、高湿洋面的低空，有一个很弱的气旋性涡旋产生，在合适的环境下，因摩擦作用产生的辐合气流把底层大量的暖湿空气带到涡旋内部，并产生上升和对流运动，释放潜热能以加热涡旋中心上层的空气柱，形成暖心。由于涡旋中心空气柱增暖变轻，空气浮力增大，产生向上加速度，使涡旋中心地面气压下降，低压环流得到加强。而低压的增强，又反过来使低空暖湿空气向内辐合加强，更多的水汽向中心汇集，对流更旺盛，中心变得更暖，涡旋中心的地面气压更因下降产生很强的气压梯度，绕中心旋转的空气速度也加大了。如此循环，直到发展为台风。

台风的发展可分为扰动、增暖、加深和成熟四个阶段。台风在热带海区生成后移动到亚热带和温带地区，当有冷空气进入台风内，则台风减弱甚至变为温带气旋；或者台风在大陆登陆后，由于台风运动所依赖的能源（水汽）供应已切断及受地形摩擦等影响，逐渐消亡。

（四）台风的结构

台风是一个深厚的低气压系统，中心气压很低。在底层，有显著向中心辐合的气流；在顶层，气流主要向外辐散。台风在水平方向上一般可分为台风外围、台风本体和台风中心三部分。从卫星照片可以看出，台风就是在大气中绕着自己的中心急速旋转的同时又向前移动的空气涡旋，人们有时也把它比作"空气陀螺"。如果从水平方向把台风切开，可以看到有明显不同的三个区域，从中心向外依次是台风眼区、螺旋区和螺旋云带区。

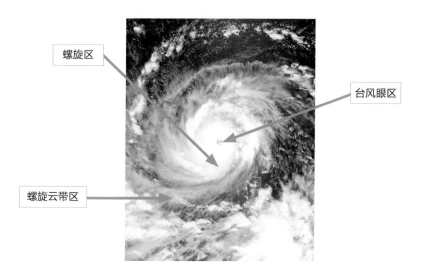

螺旋区

台风眼区

螺旋云带区

台风外围是螺旋云带区，直径通常为 400~600 千米，有时可达 800~1000 千米。这里有几条雨（云）带呈螺旋状向眼壁四周辐合，雨带所经之处会降阵雨，出现大风天气。

台风本体是螺旋区，也叫云墙区，它由一些高大的对流云组成，其直径一般为 200 千米，有时可达 400 千米。这里云墙高耸，狂风呼啸，大雨如注，海水翻腾，天气最恶劣。

台风中心是台风眼区，其直径一般为 10~60 千米，绝大部分呈圆形，也有椭圆形或不规则形的。由于台风内的风是反时针方向（北半球）吹动，使中心空气发生旋转，而旋转时所造成之离心力，与向中心旋转吹入之风力互相平衡抵消，使强风不能再向中心聚合，所以形成台风中心数十千米范围内的无风现象，又因为有空气下沉增温现象，导致云消雨散而成为台风眼。

台风在垂直方向上分为流入层、中间层和流出层三部分。从海面到 3 千米高度为流入层，3~8 千米左右为中间层，从 8 千米高度左右到台风顶是流出层。在流入层，四周的空气做逆时针（北半球）方向向内流入，愈近中心风速愈大，把大量水汽自台风外输入台风内部；中间层气流主要是围绕中心运动，底层流入现象到达云墙区基本停止，而后气流环绕眼壁作螺旋式上升运动；中间层上升气流到达时便向外扩散，流出的空气一部分与四周空气混合后下沉到底层，另一部分在台风眼区下沉，组成了台风的垂直环流区。台风气温愈到中心愈高，气压愈低。

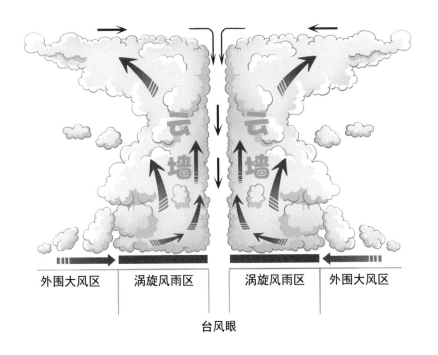

外围大风区　　　涡旋风雨区　　　涡旋风雨区　　　外围大风区

台风眼

（五）台风的级别

　　根据台风底层中心附近地面最大风力的大小，可将台风划分为热带低压、热带风暴、强热带风暴、台风、强台风及超强台风六个等级：

　　◎超强台风（Super TY）：底层中心附近最大平均风速≥51.0 米/秒，即风力为16级或以上。

○强台风（STY）：底层中心附近最大平均风速 41.5~50.9 米 / 秒，即风力为 14~15 级。

○台风（TY）：底层中心附近最大平均风速 32.7~41.4 米 / 秒，即风力为 12~13 级。

○强热带风暴（STS）：底层中心附近最大平均风速 24.5~32.6 米 / 秒，即风力为 10~11 级。

○热带风暴（TS）：底层中心附近最大平均风速 17.2~24.4 米 / 秒，即风力为 8~9 级。

○热带低压（TD）：底层中心附近最大平均风速 10.8~17.1 米 / 秒，即风力为 6~7 级。

（六）台风预警信号

台风灾害预警信号根据逼近时间和强度分四级，分别以蓝色、黄色、橙色和红色表示。

➤ 台风红色预警信号

标准：6 小时内可能或者已经受热带气旋影响，沿海或者陆地平均风力达 12 级以上，或者阵风达 14 级以上并可能持续。

防御指南：

◎政府及相关部门按照职责做好防台风应急和抢险工作。

◎停止集会、停课、停业（除特殊行业外）。

◎回港避风的船舶要视情况采取积极措施，妥善安排人员留守或者转移到安全地带。

◎加固或者拆除易被风吹动的搭建物，人员应当待在防风安全的地方，当台风中心经过时风力会减小或者静止一段时间，切记强风将会突然吹袭，应当继续留在安全处避风，危房人员及时转移。

◎相关地区应当注意防范强降水可能引发的山洪、地质灾害。

➢ 台风橙色预警信号

标准：12小时内可能或者已经受热带气旋影响，沿海或者陆地平均风力达10级以上，或者阵风12级以上并可能持续。

防御指南：

◎政府及相关部门按照职责做好防台风抢险应急工作。

◎停止室内外大型集会、停课、停业（除特殊行业外）。

◎相关水域水上作业和过往船舶应当回港避风，加固港口设施，防止船舶走锚、搁浅和碰撞。

◎加固或者拆除易被风吹动的搭建物，人员应当尽可能待在防风安全的地方，当台风中心经过时风力会减小或者静止一段时间，切记强风将会突然吹袭，应当继续留在安全处避风，危房人员及时转移。

◎相关地区应当注意防范强降水可能引发的山洪、地质灾害。

➢ 台风黄色预警信号

标准：24小时内可能或者已经受热带气旋影响，沿海或者陆地平均风力达 8 级以上，或者阵风 10 级以上并可能持续。

防御指南：

🌀 政府及相关部门按照职责做好防台风应急准备工作。

🌀 停止室内外大型集会和高空等户外危险作业。

🌀 相关水域水上作业和过往船舶采取积极的应对措施，加固港口设施，防止船舶走锚、搁浅和碰撞。

🌀 加固或者拆除易被风吹动的搭建物，人员切勿随意外出，确保老人小孩留在家中最安全的地方，危房人员及时转移。

➤ 台风蓝色预警信号

标准：24 小时内可能或者已经受热带气旋影响，沿海或者陆地平均风力达 6 级以上，或者阵风 8 级以上并可能持续。

防御指南：

🌀 政府及相关部门按照职责做好防台风准备工作。

🌀 停止露天集体活动和高空等户外危险作业。

🌀 相关水域水上作业和过往船舶采取积极的应对措施，如回港避风或者绕道航行等。

🌀 加固门窗、围板、棚架、广告牌等易被风吹动的搭建物，切断危险的室外电源。

（七） 台风的命名

在有国际统一的命名规则以前，同一台风往往有数个称呼。我国从 1959 年开始，对发生在北太平洋西部和南海，近中心最大风力达到 8 级或以上的热带气旋（台风）每年按其生成时间的先后顺序进行编号。编号由 4 位数组成，前 2 位表示年份，后 2 位表示当年台风的序号，如 2015 年第 9 号台风（灿鸿），其编号为 1509。

为了避免名称混乱，世界气象组织（WMO）台风委员会第 30 次会议决定，西北太平洋和南海的热带气旋采用具有亚洲风格的名字命名，并决定从 2000 年 1 月 1 日起开始使用新的命名方法。该命名方法由台风周边国家和地区共同事先制定的一个命名表，按顺序年复一年地循环重复使用。命名表共有 140 个名字，分别由世界气象组织所属的亚太地区的柬埔寨、中国、中国香港、中国澳门、朝鲜、日本、老挝、马来西亚、密克罗尼西亚、菲律宾、韩国、泰国、美国以及越南共 14 个成员国和地区提供，以便于各国人民防台抗灾、加强国际区域的合作。

14 个成员国和地区提出的 140 个台风名称中，由每个国家和地区各提出 10 个名字组成。我国提出的 10 个台风名字包括龙王（后被"海葵"替代）、悟空、玉兔、海燕、风神、海神、杜鹃、电母、海马和海棠。

　　台风的命名，多用"温柔"的名字，以期待台风带来的伤害较小。但同时世界气象组织（WMO）台风委员会有一个规定，一旦某个台风对于生命财产造成了特别大的损失，该名字就会从命名表中删除，空缺的名称则由原提供国重新推荐。例如，台风"云娜"，意为"喂，你好"。但据统计，"云娜"台风在浙江造成 164 人死亡、24 人失踪，直接经济损失达到 181.28 亿元，因此它被永久性除名，退出了国际台风命名序列。

二 台风的危害与益处

台风的危害与益处

（一） 台风的危害

➤ 台风的直接危害

台风是一种破坏力很强的灾害性天气系统，它具有突发性强、破坏力大的特点，是世界上最严重的自然灾害之一。

台风带给人们的直接危害，指在台风的作用下出现的强风、暴雨、风暴潮、洪水等带来的灾害，主要表现如下：

1）强风

强风能够摧毁房屋建筑，使农作物出现倒伏现象；导致海上船只倾覆、沉没，避风港内船只相互碰撞，撞击堤岸，毁坏设施；出现电力通信电杆折断、输电铁塔损坏、断线、电网跳闸等大面积的断电现象，使架空导线遭到破坏，引起干线中断，基站停止工作，网络中断；造成港口设施滑移、倾覆，泥沙骤淤，严重影响航道的正常使用。另外，强风还会吹倒建筑物、高大树木等，吹落高空物品、设施，毁坏标志标牌，危害公共安全。

2）暴雨

暴雨引发洪水和城镇内涝积水，使得人们的生产生活遭受影响。例如，暴雨致使大范围城镇、村庄、农田受淹，冲毁道路、桥梁、电力通信杆塔、变电站、通信基站，淹没供水水厂，造成停电、停水、交通及通信等中断；冲毁堤防、堰坝、灌排设施，甚至造成水库漫顶垮坝。

3）风暴潮

潮位抬高，风浪更加汹涌澎湃，可倾覆海上船只，冲毁海塘堤防、涵闸、码头、护岸、避风港及其他临海设施等，造成海堤决口、海水倒灌，淹没城镇、农田，威胁人员安全。

4）洪水

江河水位不断升高，淹没堤坝或者发生溃决，冲毁堤防道路、房屋等。

5）地质灾害

台风有可能引发山体崩塌、山体滑坡、泥石流等灾害，造成人员伤亡。

6）焚风

焚风经常出现在大型山脉的背风坡、高温低湿，容易造成农作物枯萎、减产甚至绝产。

7）盐风

海风中含有大量盐分，容易造成农作物枯死，电路漏电等一系列灾害。

8）巨浪

巨浪可以高达 10~20 米，造成船只倾覆沉没、冲防，摧毁沿岸城镇及设施。

9）疫病

水灾之后经常引发传染病，如痢疾、霍乱等疾病。

➤ 台风引起的次生灾害

当强度大的台风发生后，常常诱发出一连串的次生灾害，包括暴雨引起的山洪、山体滑坡、泥石流等。另外，房屋、桥梁、山体等在台风中受到洪水长时间的冲刷、浸泡，当时可能没有发生坍塌，但当台风、洪水退去后，容易出现房屋、桥梁坍塌等危险。

　　通常情况下，次生灾害带来的损失远远大于台风直接造成的损失，然而台风登陆之后带来的次生灾害常常容易被人们轻视，从而造成重大人员伤亡和财产损失。这提醒我们不仅要严防台风侵袭，更要严防次生灾害的肆虐，尽可能把灾害损失降到最低。

（二） 台风的益处

作为一种灾害性天气，提起台风，没有人会对它表示好感。台风在给人类带来灾害的同时，也并非一无是处。

◎ 为人们带来了丰沛的淡水。台风给中国沿海、日本海沿岸、印度和美国东南部带来大量的雨水，约占这些地区全年总降水量的 1/4 以上。

◉驱散热带、亚热带的热量。温度带中，靠近赤道的热带、亚热带地区受日照时间最长，台风可以驱散这些地区的热量至寒带；否则，热带将会更加酷热干旱，寒带将会更加寒冷，而温带则将会消失。

◉有利于地球保持热平衡。台风最高时速可达 200 千米以上，所到之处，摧枯拉朽，凭着这巨大的能量流动，使地球保持着热平衡，使人类安居乐业，生生不息。

◉增加捕鱼产量。每当台风侵袭时，翻江倒海，可将江海底部的营养物质卷上来，鱼饵增多，吸引鱼群在水面附近聚集，捕鱼量自然提高。

可以说，台风在危害人类的同时，也在一定程度上造福和保护了人类。

三 台风概况

台风概况

- 台风源地
- 台风典型路径
- 台风影响的危险地带

（一） 台风源地

全世界每年平均有 80~100 个台风（我们这里将其他地区的热带气旋也称为台风）发生，其中绝大部分发生在太平洋和大西洋上。经统计发现，发生在西太平洋的台风主要集中在四个地区：

⊙ 菲律宾群岛以东和琉球群岛附近海面，这一带是西北太平洋上台风发生最多的地区，全年几乎都会有台风发生。1—6 月主要发生在北纬 15 度以南的菲律宾萨马岛和棉兰老岛以东的附近海面，6 月以后这个发生区则向北伸展，7—8 月出现在菲律宾吕宋岛到琉球群岛附近海面，9 月又向南移到吕宋岛以东附近海面，10—12 月又移到菲律宾以东的北纬 15 度以南的海面上。

⊙ 关岛以东的马里亚纳群岛附近。7—10 月在群岛四周海面均有台风生成，5 月以前很少有台风，6 月和 11—12 月主要发生在群岛以南附近海面上。

⊙ 马绍尔群岛附近海面上（台风多集中在该群岛的西北部和北部）。这里以 10 月发生台风最为频繁，1—6 月很少有台风生成。

◎我国南海的中北部海面。这里以 6—9 月发生台风的机会最多，1—4 月则很少有台风发生，5 月逐渐增多，10—12 月又减少，但多发生在北纬 15 度以南的北部海面上。

（二）台风典型路径

台风的典型路径包括西行路径、西北路径和转向路径。当西北太平洋大气环流比较复杂或者发生突变时，热带气旋就会出现一些异常路径，常见的异常路径包括南海台风突然北上、蛇形摆动路径、双台风互旋等，这些路径十分离奇古怪。

◎西行路径：热带气旋从源地（指菲律宾以东洋面）一直向偏西方向移动，往往在广东、海南一带登陆。

◎西北路径：热带气旋从源地一直向西北方向移动，大多在台湾、福建、浙江一带沿海登陆。

◎转向路径：热带气旋从源地向西北方向移动，当靠近我国东部近海时，转向东北方向移动。

（三）台风影响的危险地带

台风影响期间，许多地方和设施会对人们的生命财产产生严重威胁，因此需要引起足够的重视，避免发生意外。

◎ 应远离易发生溺水事件的海边、江边、河边、湖边以及库边。

◎ 应避免在广告牌、树木、电线杆、路灯、危墙、危房、棚架、脚手架、施工电梯、吊机、铁塔以及临时搭建物、建筑

物等易倒建筑和高空设施附近避风避雨。

◐ 身处于易发生山洪与山体滑坡、泥石流等地质灾害的山谷、溪沟、山和山脚等地方，应及时撤离至安全地带。

◐ 应避免在低洼易淹的地下车库、地下商场、下沉式立交桥下、窨井附近等区域停留。

四　台风监测与预测

台风监测与预测

- 台风定位监测
- 台风内部探测
- 台风预报
- 台风来临前兆
- 如何判断台风是否远离

（一） 台风定位监测

在过去，气象部门的监测手段仅限于陆地，即地面气象观测站。现在，气象部门通过建设海洋气象浮标，将观测视野从陆地延展到海上，再加之天气雷达、卫星等遥感探测手段，建立起了海陆空三维观测体系。一般来说在远海，以卫星定位为主；当台风靠近沿海不足 300 千米时，受陆地影响，台风眼不清晰，主要靠气象雷达；台风登陆后则主要靠雷达结合各地气象台（站）加密观测的气象数据定位。

➤ 海洋气象自动浮标

海洋气象自动浮标是在海上能自动进行海洋气象及与之有关的水文要素探测的浮标，亦称气象探测浮标，是海洋气象探测装备之一。其能按设定要求，每天定时、连续、长期地向海洋气象中心发回所测得的风向、风速、气温、气压、湿度及水温、盐度、流向、流速、波高及周期等资料。

海洋气象自动浮标有锚泊和漂浮两种，其包括海上测报与岸上接收两大部分。目前，我国海洋气象浮标在各海域业务化运行，为海洋气象预报、自然灾害预警等提供宝贵的海洋气象水文数据，尤其是为台风预警提供了有力数据支撑。

海洋气象自动浮标

➤ 天气雷达

雷达是利用微波波段电磁波探测目标的电子设备，雷达能够探测周围 200 千米以内的台风降水和风场。当台风移入近海时，多普勒天气雷达以其高时空分辨率、及时准确的遥感探测优势，成为台风监测预警方面的有效工具。目前，我国沿海已建成多普勒雷达监测网，可以用来探测天气，开展天气预报服务，使台风暴雨分布清晰可测。

天气雷达

➢ 气象卫星

气象卫星是指从太空对地球及其大气层进行气象观测的人造地球卫星。卫星"站得高""看得广",相应的监测范围更大。当台风位于远海时,卫星云图可以帮助气象观测人员看到全部台风和热带风暴,进而对其进行定位、定强,以及提供台风路径和预报所必须的预警信息。气象卫星主要有极轨气象卫星和同步气象卫星两大类。我国是世界上少数几个同时拥有极轨和同步气象卫星的国家之一,是世界气象组织对地观测卫星业务监测网的重要成员。

气象卫星

➤ 地面自动气象站

自动气象站，是指能自动收集和传递气象信息的观测装置。当台风靠近沿岸海域或登陆时，地面自动气象站可以采集到准确的大风和降雨等气象要素，在监测台风路径和登陆时间等方面发挥着重要作用。

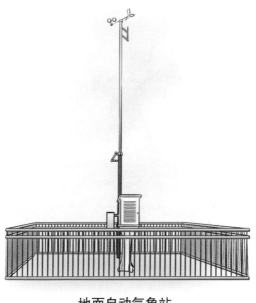

地面自动气象站

（二）台风内部探测

　　近年来，我国台风路径预报误差改进明显，但是，台风的精细监测预报预警能力仍然无法满足防台风减灾的实际需求。台风生成于海上，现有卫星、雷达等观测手段无法对台风进行精细的"直接"探测，预报员有时无法准确知道台风中心到底在哪里，数值模式也无法准确描述台风涡旋结构，从而造成预报误差偏大。相比之下，海上观测资料就显得极其珍贵。

➤ 无人机

飞机观测是岸基观测的延伸，是对台风直接观测的最有效手段。搭载下投探空系统、云雷达等机载设备的高空无人机，可获取台风内部精细结构特征和垂直结构信息，帮助预报员更准确地分析台风位置、强度及结构等信息。无人机具有成本相对低，昼夜可用的优势，因此被广泛应用于各个领域，其中就包括台风的探测。无人机的探测手段包括下投探空仪、机载雷达和温湿探头等。

高空大型无人机通常会飞到台风的顶上向下对台风进行探测（包括在台风中心附近下投探空仪等）。在某些情况下，无人机还能到达风暴中心。2005 年 10 月 1 日，我国台湾科学家利用 MK–Ⅲ 无人机成功穿越"龙王"台风眼，获取了飞行高度 3 千米处台风眼壁最大风速等观测资料。

➤ 有人飞机

有人飞机探测台风风险大，操作难度大，对飞机性能和飞行员经验要求高，大多数国家或地区很难大规模开展台风的有人飞机探测。但有人飞机在续航时间、抗压能力等方面都占据明显优势。特别是在对一些强度较强热带气旋的观测中，无人机往往只能在外围观测，而有人飞机则具备进入台风眼观测的能力。

➤ 无人艇

无人艇的最大优势是其航行机动性。无人艇具有超强的抗风浪能力，使其能够在恶劣环境下获得台风海面气压、温度和风速风向、海水表层温度盐度以及浪高等实时数据，这些为台风数值预报和后续机理研究提供了十分宝贵的资料。

➤ 火箭

火箭可以探测台风，并还原台风瞬间原貌。我国是首批使用火箭探测台风内部的国家。这些数据精度高、质量好、一致性强，具有极高的科研业务应用潜在价值。但是，由于火箭整体造价昂贵且难以重复利用，所以在业务化方面存在一定困难。

（三） 台风预报

近十多年来，气象部门预报台风的主要手段包括：数值预报和经验统计预报。数值预报，即应用高速计算机根据大气运动的微分方程来计算求解。经验统计预报，即根据天气学原理和预报员的经验，采用统计方法，寻找台风移动的相关因子，再由预报员经验综合判断，预报员分析、参考各种预报结果，依据经验作出最后的预报结论。目前，最终的预报结论还都是由有经验的预报员综合分析做出的。

从时间上分，台风预报分短时临近预报、短期预报、中期预报、延伸期预报和长期预报。

（四）台风来临前兆

除通过卫星、雷达等专用设备仪器可观测到台风外，人们从一些特殊现象也可以判断是否有台风将要来临。

➤ 海鸣

台风来临前两三天，沿海可以听到嗡嗡声，如远处飞机的声响。随着声响的不断增强，表明台风已逐渐逼近，渔民凭此预兆提前采取防台措施。

➤ 长浪

其又称涌浪。当台风还在较远的海洋面上时，在海边就能看到从台风中心传播出来一种特殊的海浪，浪顶是圆的，浪头并不高（通常只有一、二米高），浪头与浪头之间的距离比较长，与普通尖顶、短距离的海浪不一样。

➤ 海鸟

船上停泊大群疲惫的海鸟。这是因为感到台风气息的海鸟纷纷逃离台风中心，发现渔船就会停在上面，难以驱赶。

➤ 高云

当出现白色羽毛状或马尾状的卷云，此后，云层渐密渐低，常有骤雨忽落忽停。

➤ 骤雨忽停忽落

沿海地区的夏季，雷雨时常发生，若雷雨骤停，则预示可能有台风临近。

➤ 能见度良好

台风来临前的两三天，能见度会比平时高很多，远处景致清晰可见。

➤ 海、陆风不明显

台风来临前，沿海地区风的走向不再很明显或者风向大变，即白天风不再由海面吹向陆地，夜晚陆风不再吹向海洋。

➤ 特殊晚霞

台风来临前一两日的晚霞会出现反暮光现象，即太阳隐于西方地平线下方，发出数条呈放射状红蓝相间的美丽光芒，直至天穹，且环绕收敛于与太阳位置相对的东方。

➤ 气压降低

根据以上诸现象，若同时再出现气压降低的现象，则显示进入台风边缘了。

（五）　如何判断台风是否远离

当风雨骤然停止时，有可能是进入台风眼的现象，并非台风已经远离，短时间后狂风暴雨将会突然再来袭。此后，风雨渐次减小，并变成间歇性降雨，慢慢地风变小，云升高，雨渐停，这才是台风离开了。如果台风眼并未经过当地，但风向逐渐从偏北风变成偏南风，且风雨渐小，气压逐渐上升，云也逐渐消散，天气转好，这也表示台风正在远离中。

五　台风预防措施

台风预防措施

- 台风来临前如何准备
- 台风来临时如何避险
- 城市和农村地区的防范措施

（一） 台风来临前如何准备

其实台风是可以预防的，用现代化设备已经可以精确地预测出台风的具体移动方向、登陆地点以及时间。只要采取有效的防御措施，提高科学探测预警水平，全力做好防、抗、救工作，趋利避害，就能使受灾程度降至最低。

➤ 预测

◎ 要认真收听当地气象预报，听到台风消息发布后，要随时收听广播、电视，随时注意气象变化及台风动向，做好防灾抗灾准备。

◎ 认真开展调查研究，向当地有经验的人了解情况，掌握台风的规律和特点。

◎ 注意观察，提前准备，台风来临前，动物、鸟、鱼会有异常表现，海水也会有细微的变化，及时发现这些异常变化，对于预测台风很有帮助。

> ## 准备

◎心理准备。重要的是要有良好的心理素质，面对台风要从容应对，不能焦虑，更不能慌乱，最重要的是保持镇定。

◎物资准备。预先准备台风应急包，内含手电、蜡烛、节能打火等火机、收音机、雨具、食物、药品及饮用水等，以备急需。

◎安全准备。认真检查电路，注意炉火、煤气或天然气，防范火灾。关好门窗，检查门窗、室外空调、太阳能热水器、电视天线是否坚固，取下悬挂的东西。将养在室外的动植物及其他物品移至室内，特别是要将楼顶、阳台的杂物搬进来，室外易被吹动的东西要加固。如果发现窗户有破碎，迅速修补完整，并在窗玻璃上用胶布贴成米字图形，以免大风刮起时窗户玻璃破碎，坠落伤人。

　　◎ 防水准备。房屋漏水的，要及时修缮、加固。地势低洼的居民区，要趁台风来临之前，将自家的排水管道检查一遍，最好疏通一遍。特别是住在一楼的住户，包括一些临街的商铺，要把电器设备、货物转移到高处，万一进了水，可以减少损失。

　　◎ 通信准备。为防止万一，要把电话线检查好，手机准备好，保持畅通，以便随时报警。

　　◎ 转移准备。居住在危险区域的人员，应及早准备好必要的生活用品和食品，随时准备转移。老弱病残孕幼等应尽早投亲靠友。

台风来临前，转移到安全地带！

➤ 防护

为确保人们的生命安全，台风到来时，应高度警惕，不能有丝毫的大意。不到台风可能影响的区域游玩，处在台风可能影响区域的应提前返回。

台风来临前，做好应急物资储备！

应急物资储备是为应对各种紧急情况而提前准备的物品。这些物品能帮助人们在紧急发生时，应对灾害对我们造成的伤害，及时提供基础救援。常用的基本物资储备见下表。

常用的基本物资储备表

序号	物资储备项目	清单明细
1	救援工具	锤子、哨子、铁锹、担架、灭火器等
2	应急药品	创可贴、感冒药、退烧药、消毒药品等
3	生活类物资	棉衣被、帐篷、睡袋，不少于三天的应急饮用水及食物等
4	通信设备	喇叭、对讲机、手机等
5	照明工具	手电筒、蜡烛、应急灯等

（二）台风来临时如何避险

时刻收听或观看气象台发布的关于台风的消息，及时了解和掌握台风的最新情况，密切关注台风的动向。台风来临时，风力比较大，因此在台风到来时要尽量减少外出，并且关好门窗，关闭防风遮板。如在室外，尽快转移至室内。若当地有关部门要求撤离，应按指示及时撤离。若住在高层建筑内，由于高层的风力更强，且地上的淹水会导致灌入地下，应撤离至2~3楼或事先计划的安全避难场所。应按要求或在撤离前有充足时间的情况下，关闭电闸、水和燃气阀门、连接炊具或加热设备的燃气罐，拔掉小家电的插头。如果发生雷雨大风导致房屋进水，应立即切断电源。低楼层居民，可在家中准备挡水板。

台风袭来时，如果万不得已需要外出，要穿上颜色鲜艳、紧身合体的衣服，弯着腰把身体缩成一团行走，尽可能减少受风面积。不要在旧房、临时建筑、电线杆、树木、广告牌等地方躲风避雨，每年台风中被砸伤的案例都有发生。台风引发局部暴雨时，河流和水渠有泛滥的可能性，水流会变得非常湍急，不要在近河、湖、海的路堤或桥上行走，以免被风吹倒或吹落水中。尽量绕过地下通道等易积水的地区，不要从比地面低的道路、隧道和地下人行通道经过。不要光脚或者穿着凉鞋，最好穿上适合雨天穿的雨靴，防雨又绝缘，可以有效

地预防水中触电。伴随台风而来的暴雨很容易引起洪水、山体滑坡、泥石流等一系列灾害。容易发生灾害的地区或已经发生高强度暴雨的地区，要提高警惕，随时准备撤离。

　　◐外出开车时，不要在有强风影响的区域开车。汽车经过积水路段时要非常小心，看到路面积水比较多时，最好不要强行通过，以防止发动机进水。骑摩托车、电动车或自行车在风中行驶受到的冲力，远远大于在风中步行的冲击力，所以发生台风时，如果必须外出最好不要骑车前行，相比之下，步行更安全一些。

◎ 发现路边有被风吹断、掉在地上的电线时，切记不能用手去触摸，也不要靠近，这时应该打电话通知当地的抢修人员。如果发现有危房、积水的现象，要及时与相关部门联系。发生险情的地区，要严格遵守相关部门的指挥，向安全地方进行转移。

（三）城市和农村地区的防范措施

➤ 台风引发的城市内涝

随着城市内涝的增多，城市面临多种挑战。一是能力方面：城市发展导致洪水承载能力下降，蓄滞洪水区域减少，地面不透水面增加。二是地下空间设计不合理和设施使用不规范：地铁、地下商场和车库、天桥等建设都没有考虑防洪措施。三是随着城市信息化发展给救援救灾带来更多的挑战：城市内涝极易造成断电、断网、断通信，城市面临瞬间瘫痪。四是气候变化的趋势，需要加强研判。

1）城市内涝的社会治理

◎ 合理布局，完善体系。编制内涝风险图，探索划定洪涝风险控制线和灾害风险区。根据国土空间规划，结合地块高程，合理确定新城区的建设地址。同时结合流域防洪，形成流域、区域、城市协同匹配，防洪排涝、应急管理、物资储备系统完整的防灾减灾体系。

◎ 增加雨水的调蓄能力。修复江河、湖泊、湿地等，保留天然雨洪通道、蓄滞洪空间。在城市建设和更新中留白增绿，结合空间和竖向设计，优先利用自然洼地、坑塘沟渠、园林绿地、广场等实现雨水调蓄功能，做到一地多用。

◎ 增加雨水的渗透能力。提高硬化地面中可渗透面积比例，因地制宜使用透水性铺装；增加下沉式绿地、植草沟、人工湿地、砂石地面和自然地面等软性透水地面；建设绿色屋顶、旱溪、干湿塘等滞水渗水设施等。

◎ 加强管网和泵站的建设与改造。加大排水管网建设力度，逐步消除管网空白区；新建排水管网原则上应尽可能达到国家建设标准的上限要求；改造易造成积水内涝问题和混错接的雨污水管网，修复破损和功能失效的排水防涝设施；因地制宜推进雨污分流改造；对外水顶托导致自排不畅或抽排能力达不到标准的地区，改造或增设泵站，重要泵站应设置双回路电源或备用电源等。

2）城市内涝的个人防范

◎ 关注天气预报，如预报有暴雨，尽量不要外出，请找好一个安全的地方（如牢固的建筑物、地势较高的建筑物等），并停留至暴雨结束时为止。如暴雨天必须外出时，建议乘坐公交车，并注意路况信息，避开积水和交通不畅地区。

◎ 在有积水道路行走时，尽量贴近建筑物，不要靠近有漩涡的地方；尽量避开灯杆、电线杆、变压器等有可能连电的物体，以防触电；发现有电线落入水中，必须绕行；遇到大暴雨时，尽量到地势较高的地方避险，不要停留在涵洞、立交桥下、地下通道等地势较低的地方。

◎ 居住在低洼地区危旧房的居民，平时要注意观察房屋的质量情况，当出现漏雨、渗水等情况时要及时维修；积水时，居民可在门槛外侧放上沙袋，防止积水浸入屋；一旦室外积水漫入屋内，要及时切断屋内电源与气源。

◎ 受到内涝威胁时，如果时间充裕，应向楼顶、站台等高处转移，而后要与救援部门取得联系；如果已经受到洪水包围，要尽可能利用船只、木排、箱子、柜、门板、木床等，做水上转移，不要单身游水转移。

◎ 开车时，如果遇到有积水的道路，应尽量绕行；涉水时要打开大灯和双闪灯，注意与前车保持车距；车辆最好沿着前车走过的路线行驶；深水行车要低速匀速过水，一气通过；车辆受困时要及时熄火，主动逃生，并拨打求救电话。

➤ 农村地区如何防台风

◎ 在农村地区，台风来临前，应加固老旧建筑物、检查电力设备安全。根据不同农作物品种进行防风加固或抢收工作。

◎ 退潮后第一时间对农田进行排涝、追肥。渔民应停止作业，所有船只回港避风，老旧船只尽快修复加固。

◎ 必须提前做好预防，加固堤坝防止洪灾。农田需疏通沟渠，防止涝害。农作物一旦被淹，要及时排水，并冲洗叶片，不让淤泥影响光合作用。

◎ 在可能发生泥石流的区域提前建造临时避险棚，当出现泥石流体堵塞河流，形成堵坝时，上树躲避并不是自救的好办法。

◎ 防止病虫害发生，灾后做好根系保护，施用保护性药剂。灾后要格外注意饮水、食品及环境卫生，不喝生水，不去河里游泳，及时清除垃圾。

◎ 预防断电。台风来临，如果家中突然停电，最好把电脑、电视等电源插头拔掉，关掉电灯。应急灯应在台风来之前充满电，冰箱里也可准备一些冰块。台风来临时须格外注意用电安全，对家中电路、电器提前做好必要检查，户外活动时尽量远离危险的电源点和供电设施，谨防触电危险。如遇用电问题，市民可及时拨打 24 小时电力服务热线寻求帮助。

六　台风过后自救方法

台风过后自救方法

- 海上自救方法
- 陆地自救方法

（一） 海上自救方法

随台风而来的是狂风、暴雨、风暴潮，台风过境后并不等于危险解除，因此，台风过后的自救工作极其重要。

◐ 台风虽然可以预报，但也有在海面上航行或捕捞的船只来不及返航。假如遇到这种情况，海上船只首先要与海岸电台联系，确定船只与台风中心的相对位置，立即开船远离台风；然后船只应该向最近的海岛上靠拢，及时登陆海岛，避免船毁人亡的发生。同时利用船只的通信设施向陆地上发出求救信号，报告自己的准确位置，在海岛上等待救援。在救援船只或直升机到来时，可以挥舞旗帜或点燃火把及时发出求救信号，指引救援人员的救援。

◐ 在海面上若遇到台风的袭击，落水的可能性极大，所以一定要准备好淡水、食品、救生衣、通信工具。小的渔船在海面上很难经受住台风的袭击，应该在渔船沉没之前，跳水逃生，避免与渔船一同沉入海底。但一定要在跳水逃生之前，记录下自己落水的准确地理坐标，以便向搜救人员提供准确的坐标。在落水之后，要减少身体的活动量，保持体温。海面上的风浪减小后，及时发出求救信号，等待救援。

（二） 陆地自救方法

台风的伤害种类繁多复杂，如砸伤、压伤、摔伤、淹溺等，应立即进行检伤分类，根据先救命后治伤的原则，分别处理。对呼吸心跳停止者实施心肺复苏。

➤ 施放求救信号

◎ 可以采取大声喊叫、吹响哨子或猛击脸盆等方法，向周围发出声响等求救信号。

◎ 可以使用手电筒、镜子反射太阳光等方法，发出求救信号。

◎ 当你在高楼遇到危难时，可以抛掷软物，如枕头、塑料空瓶等，向地面发出求救信号。

◎ 当你在野外遇到危难时，白天可燃烧新鲜树枝、青草等

植物，发出烟雾；晚上可点燃干柴，发出明亮闪耀的红色火光，发出求救信号。

◎用树枝、石块或衣服等物品在空地上堆出"SOS"或其他求救字样，向高空发出求救信号。

➤ 报警求救

◎紧急报警电话全国统一：匪警"110"、火警"119"、医救"120"。拨打这三个电话，不用拨区号并免收电话费；投币、磁卡电话不用投币、插磁卡。

◎当遇到发生灾害事故、家人（旁人）在紧急状态下需要公安机关救助时，都可以拨打"110"报警求助电话。拨通"110"电话后，应再追问一遍对方是不是"110"。一旦确认，请立即说清楚灾害事故的性质、范围和损害程度等情况，并说明求助的确切地址。

◎当遇到火灾或化学事故时，应立即拨打"119"火警电话。拨通"119"火警电话后，应再追问一遍对方是不是"119"，以免打错电话。准确报出失火的地址（路名、弄堂名、门牌号）。如说不清楚时，请说出地理位置，或者周围明显的建筑物、道路标志，并简要说明由于什么原因引起的火灾及火灾的范围，以便消防人员及时采取相应的灭火措施。值得一提的是，扑灭火灾不收费。

◎当遇到自己或他人突然发生重伤、急病等情况时，可以拨打"120"医疗救护电话。说清楚需要急救者的住址或地点、年龄、性别和病情，以利于救护人员及时迅速地赶到急救现场，争取抢救时间。

切记，拨打报警求救电话是非常严肃的事，不要开玩笑或因好奇而随便拨打。

➤ 溺水急救

当你不熟悉水性、意外落水，附近又无人救助时，首先应保持镇静，千万不要手脚乱蹬拼命挣扎，这样只能使体力过早耗尽、身体更快地下沉。正确的自救做法是：落水后立即屏住呼吸，踢掉双鞋，然后放松肢体等待浮出水面，因为肺脏就像一个大气囊，屏气后人的比重比水轻，所以人体在经过一段下沉后会自动上浮。当你感觉开始上浮时，应尽可能地保持仰位，使头部后仰。只要不胡乱挣扎，人体在水中就不会失去平衡。这样你的口鼻将最先浮出水面可以进行呼吸和呼救。呼吸时尽量用嘴吸气、用鼻呼气，以防呛水。

一旦发现溺水者，应立即采取以下急救措施：

◎ 迅速救上岸：最好从背部将落水者头部托起，或从上面拉起其胸部，使其面部露出水面，然后将其拖上岸。

◎ 清除口鼻堵塞物：让溺水者头朝下，撬开其牙齿，用手指清除口腔和鼻腔内杂物。

◎ 倒出呼吸道内积水：救人者半跪，顶住溺水者的腹部，让溺水者头朝下，拍背。

◎ 人工呼吸：对呼吸及心跳微弱或心跳刚刚停止的溺水

者，迅速进行人工呼吸，同时做胸外心脏按压。

　　◎吸氧：现场有医疗条件，可对溺水者注射强心药物及吸氧。条件不足的，用手或针刺溺水者的人中等穴位。

　　◎脱下外套：如果溺水者身上穿着外套，要尽早脱下，湿漉漉的外套会带走身体热能，产生低温伤害。

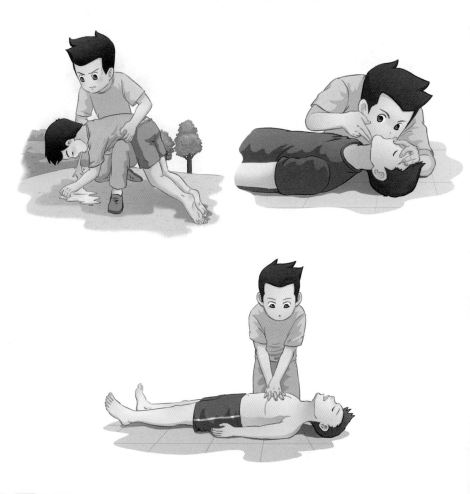

◎在进行上述方法抢救的同时，还应尽快与就近急救中心求救。

> ## 雷击急救

在雷电多发的夏季，人们对防雷电应该高度重视，掌握一些救急救命的方法。

◎如果被雷电击伤后，衣服等物着火，应该马上躺下，就地打滚，或爬在有水的洼地、水池中，使火焰不致烧伤面部，以防呼吸道烧伤窒息死亡。救助者可往伤者身上泼水灭火，也可用厚外衣、毯子裹身灭火。伤者切记不要惊慌奔跑，这会使火越烧越旺。烧伤处可用冷水冲洗，然后用清洁的手帕或洁净的布包扎。

◎如果雷电时发现有人突然倒下，口唇青紫，叹息样呼吸或不喘气，大声呼唤其无反应，表明伤者意识丧失、呼吸心跳骤停，这时应立即进行现场心肺复苏。据统计，在伤者心跳骤停的 6 分钟内若能有效地进行心肺复苏，其抢救成活率可达 40% 以上；但延误抢救时间，成活率明显下降，若心跳停止 15 分钟后才进行心肺复苏，伤者生存希望几乎是零。而且在伤者心跳骤停 6 分钟后即使复苏成功，也会给神经系统等带来严重的后遗症，如长期昏迷最终死亡。

> ## 泥石流或房屋倒塌等固体物造成的窒息

假如窒息时是独自一人，也不要惊慌失措，窒息时可以用自己的双手按在腹部上，并向上挤压，最好把腹部对准椅背角或桌子边角用力向上挤压，这能使腹部压缩，让肺部气体把异物推挤出去，其他方法也可使用。

由于泥石流或者房屋倒塌等灾难发生，固体物造成人员窒息时，可采用以下急救措施：

◎ 如果窒息者站着或坐着，救助者可从窒息者身后将其拦腰抱住，一只手握拳放在窒息者腰部肝脏下方（右上腹），将

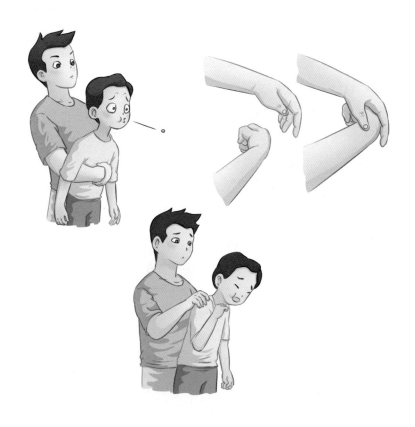

另一只手放在拳上，向头部方向重力挤压，直至异物被顶出气管。

◎ 如果窒息者躺在地上，救助者无须将其抱起，可以用一只手手心向下放在其上腹部，另一只手叠放在上面使劲向上（即头部方向）推压。

若有条件，应让其他人打电话叫急救车请医生前来抢救。

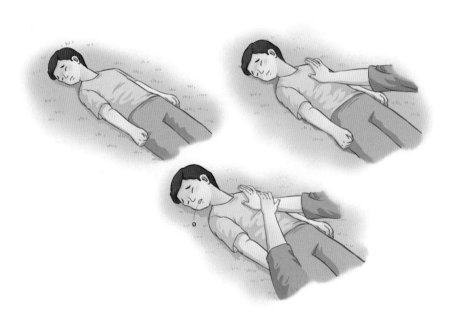

七 台风过后注意事项

台风过后注意事项

- 台风过后的居住环境隐患
- 防止疫情发生

（一） 台风过后的居住环境隐患

台风过境后，并不等于危险完全解除。这时，很多人因为掉以轻心而导致危险发生。

台风过后，人们的居住环境也会发生隐患，如漏水、积水等，提前了解这些隐患，在台风来临前及时做好准备工作，以便消除或降低隐患。

🌀 窗户。台风过后，基本上都会出现门窗漏水的情况，程度轻重不同，主要原因是灰尘堵塞了窗框的排水口。

🌀 墙面。墙面会出现渗水现象。这种现象的原因有两点：一种原因是房屋老旧外墙已经有很多裂缝，另一种原因是窗框混凝土与砖的结合处有缝隙。

🌀 空调外机。台风过后，挂在外面的空调外机容易发生严重脱落现象，有的甚至吊在半空，如果不及时处理容易发生意外事故。

🌀 地下车库。机动车车库通常会有很多积水，有些机动车与非机动车之间的走廊里也会有大量积水，使车辆无法正常通行，这些积水是因为排水不畅造成的。

（二）　防止疫情发生

🔹预防食物中毒的发生。不要食用已经腐败变质的食物，更不能食用被洪水淹死的家禽、家畜，同时也不要误食被农药或者其他化学品污染的食物。

🔹保障饮水安全，做好饮用水的消毒工作。不要饮用未消毒或未煮沸的水，提倡饮用煮沸的开水。

◐ 整治环境，消毒、杀虫。台风过后应该立刻清理路面、街道及小区内的垃圾、粪便、动物尸体、淤泥等污染物，并实施漂白粉喷洒消毒等工作。同时需要消毒的地方还有临时居住和使用的帐篷、窝棚、垃圾堆放点、厕所等。

◎灾难发生期间尽可能不要与洪水接触。不要下河游泳、下河玩水，更不能使用没有消毒的河水洗脸，这对预防红眼病、皮肤病等疾病非常重要。

◎得病就要及时就医。通常灾区都会设有临时医疗救护点，如果发现自己患病要及时到医疗点诊治，一旦发现可疑传染病要及时报告。

◎医疗卫生部门要做好灾后的疾病监测工作，注意传染病的发生及发展，尽量做到早发现、早诊断、早报告、早隔离、早治疗，采取有效的控制措施。

◎不要盲目开车进山。台风过境后，不等于危险完全解除。专家指出，台风过境，常常会带来大暴雨，暴雨容易引发山体滑坡、泥石流等地质灾害，造成人员伤亡。灾后出门，特别是去山区，一定要事先了解路段情况，千万不要贸然进山。

◎不要急着回家。当台风信号解除以后，要在撤离地区被宣布为安全以后才可返回。回家以后，发现家里有不同程度的损坏，不要慌张，更不要随意使用煤气或天然气、自来水、电线线路等，并随时准备在危险发生时向有关部门求救。